IMPRESSUM

Édika, MIMIKRY
Edition Kunst der Comics
Ilse Achatz, Achim Schnurrer, Hörb Schröppel
Adenauerstr.12, D-8551 Thurn
© 1992 by Edition Kunst der Comics
© 1990 by Editions du ZEBU/Édika
Übersetzung: Gerd Benz
Lettering: Michael Hau
Backcover: Auszüge aus
Encyclopædia Britannica 1985; VOL 8,146

ISBN 3-923102-74-7

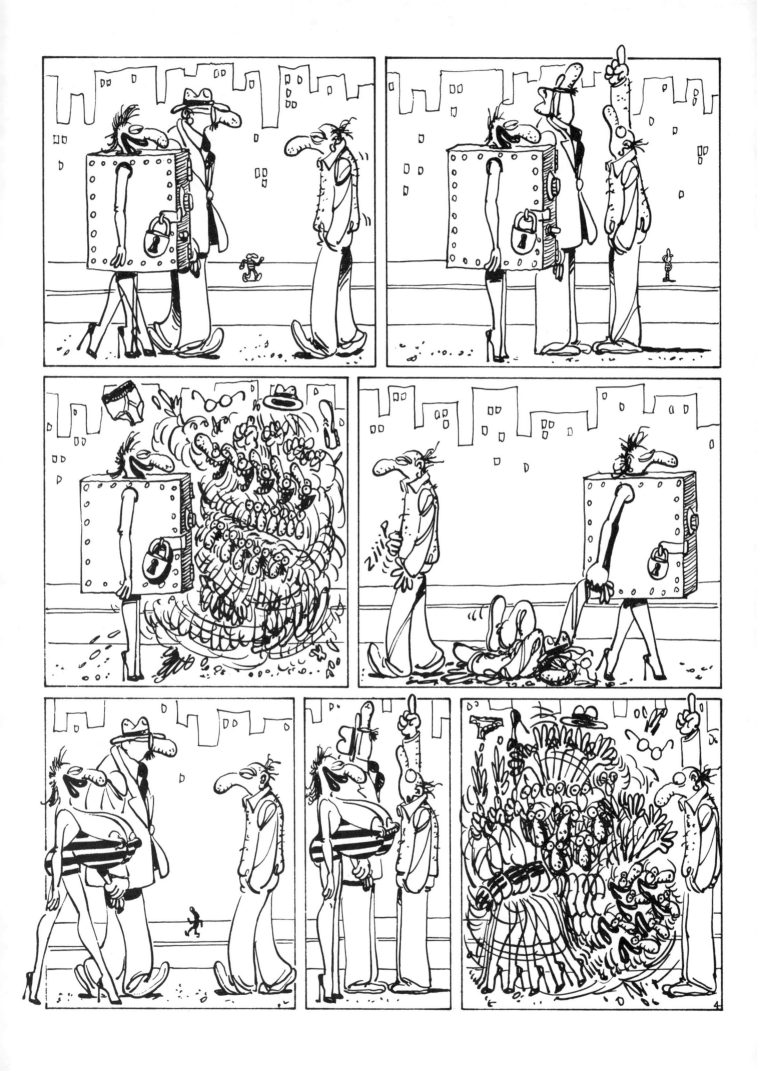

K - WIE KONZENTRIERTE AKTION

U - WIE UKULELE

MARKTPLATZ-BAHNHOF

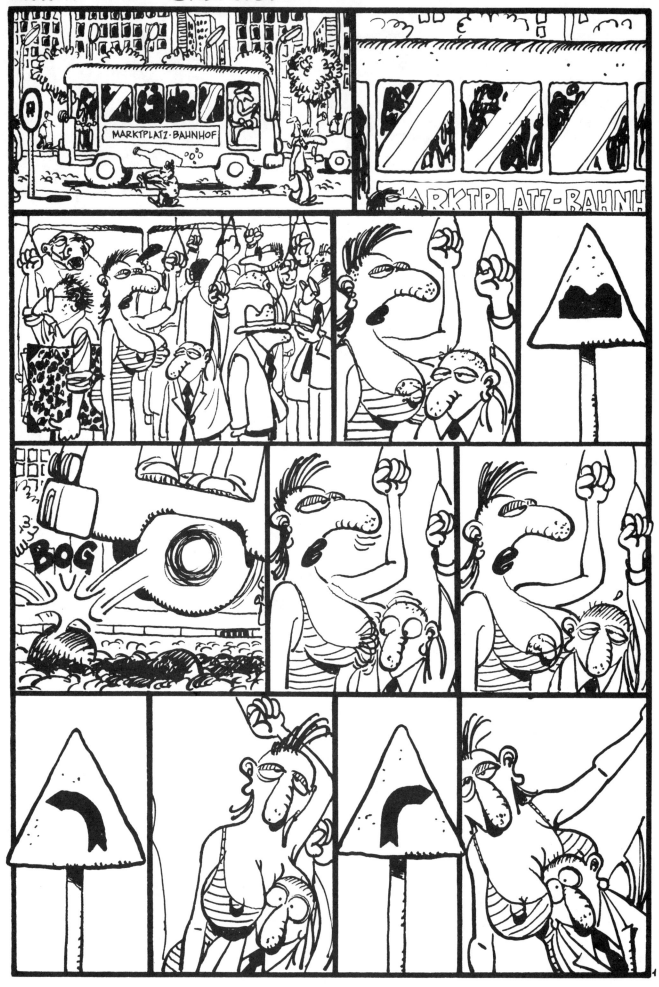

DAS RICHTIGE WORT AM RICHTIGEN ORT

BETRUG

DER LÖFFEL

TEAMGEIST

EIN RICHTIGER MANN

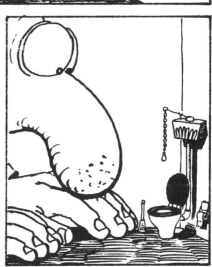

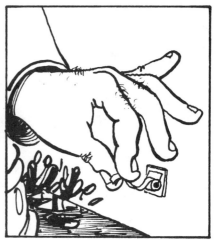

Panne

DIE ABENTEUER EINER LASTERHAFTEN GURKE

UND NOCH'N COMIC

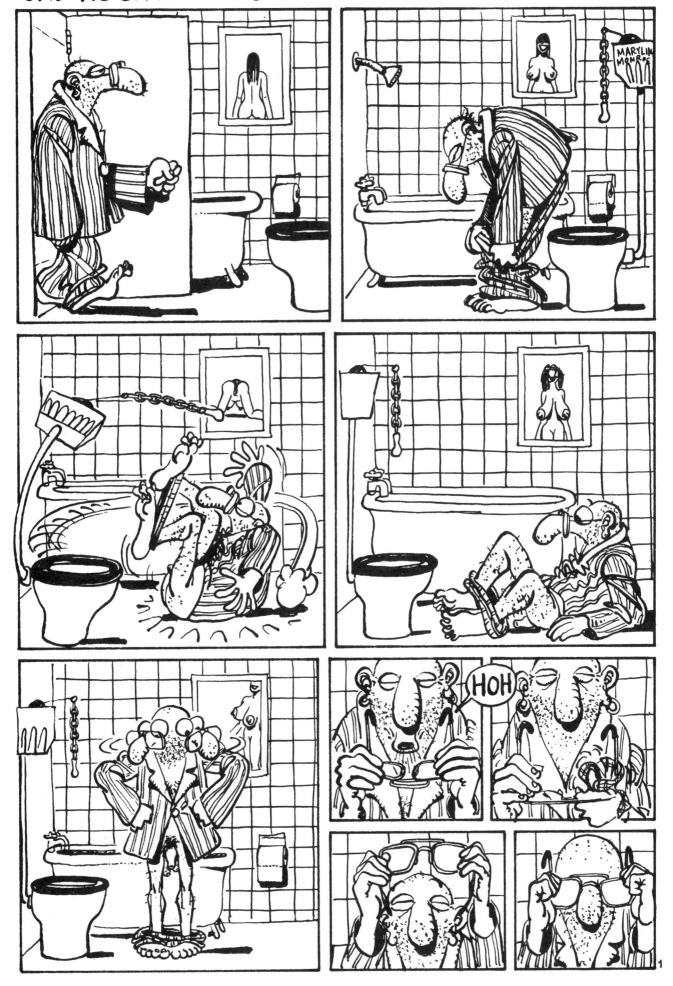

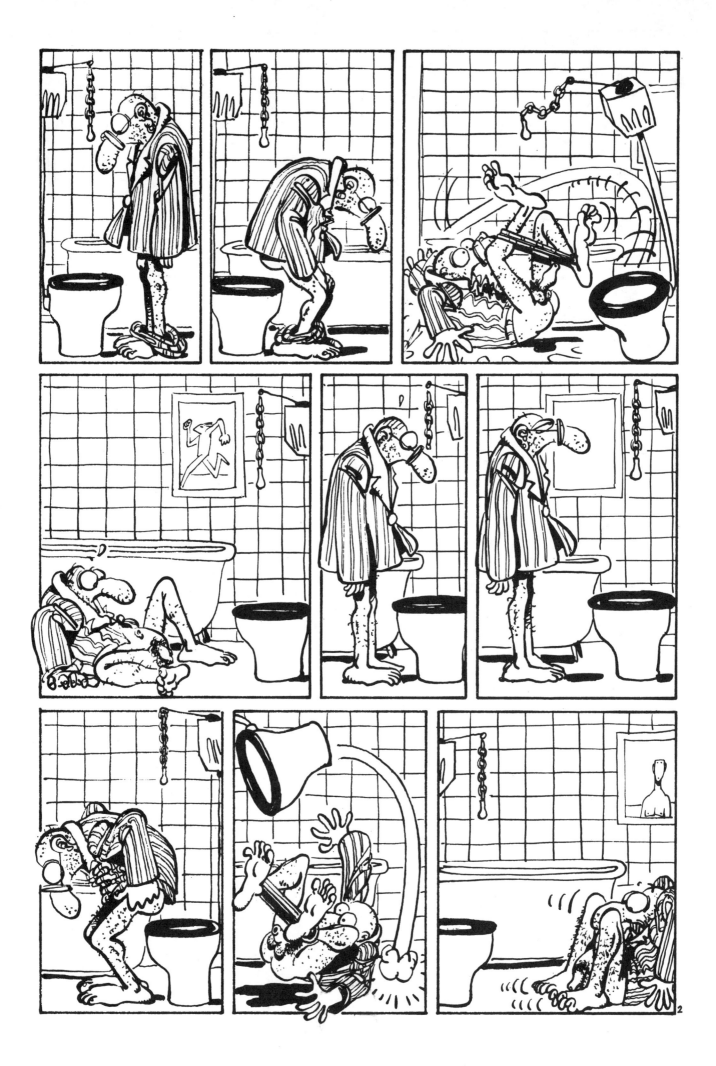

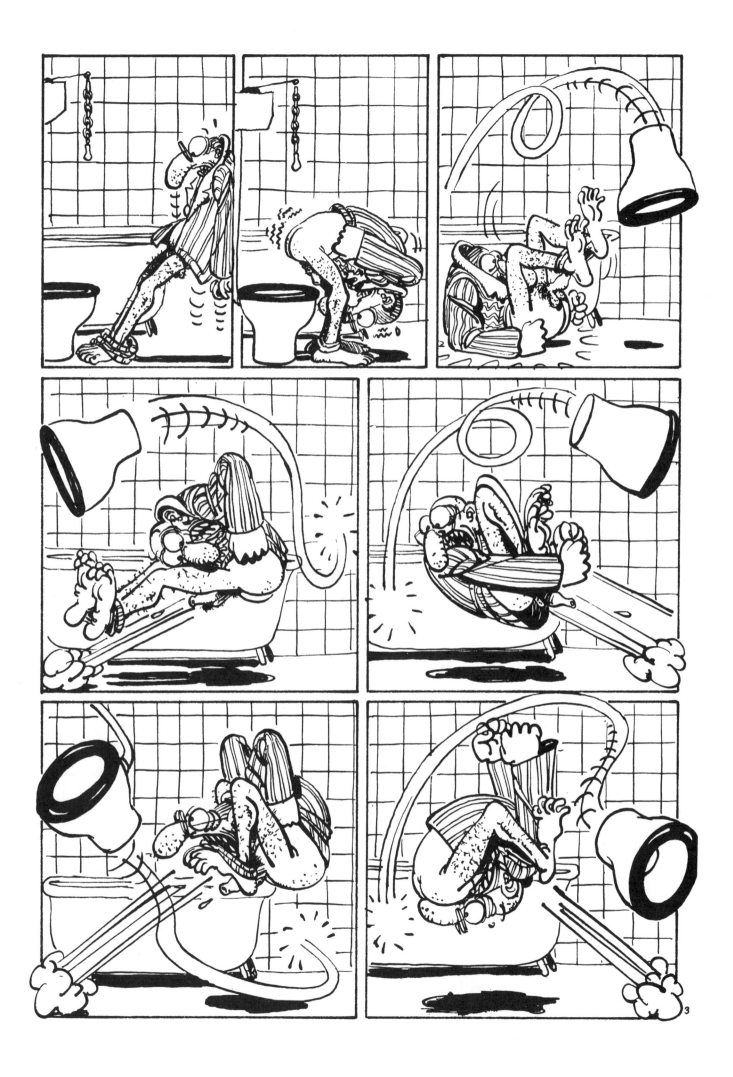

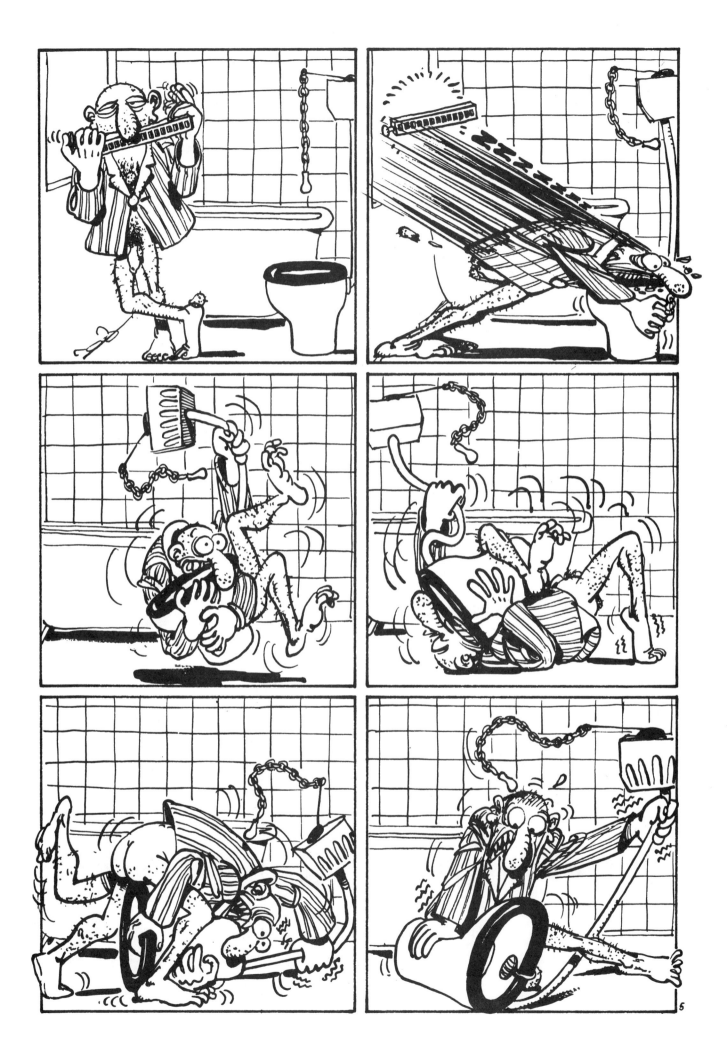

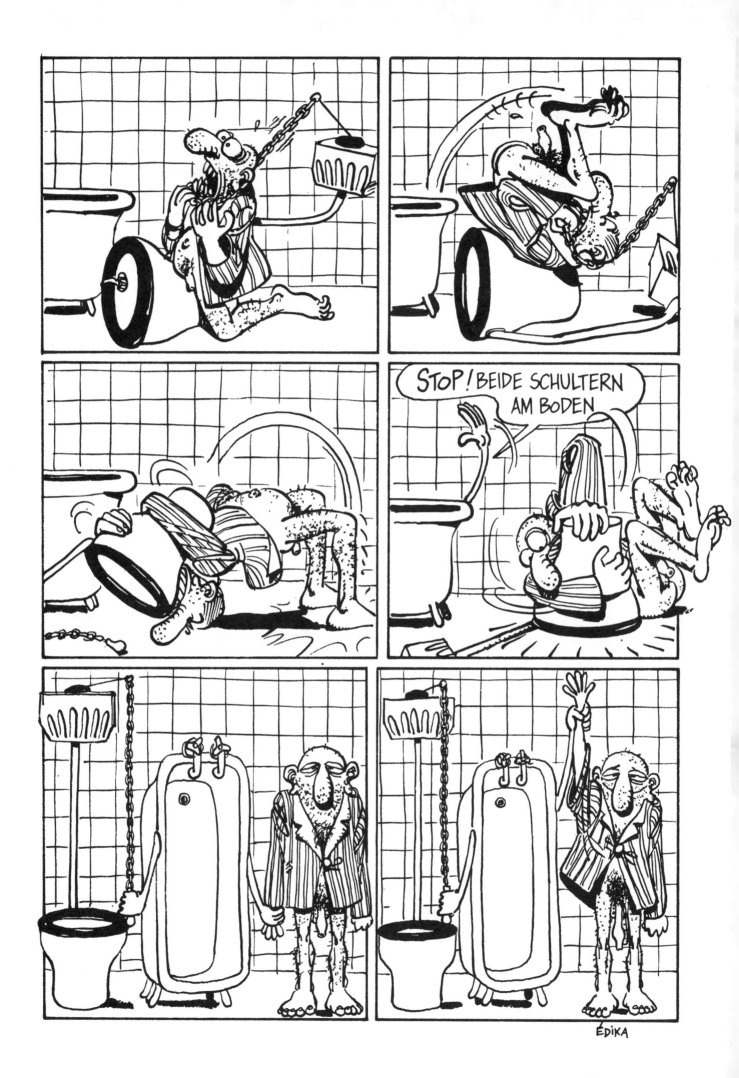